DISSERTATION
SUR
LA MALADIE ÉPIZOOTIQUE DES ANIMAUX,

Et les Moyens propres à les conserver.

Par M. Antoine BONIOL, Docteur en Médecine de l'Université de Montpellier, ci-devant Médecin des Hôpitaux du Roi dans ses armées d'Allemagne & d'Italie, agrégé au Collége des Médecins de Bordeaux, ancien Médecin de l'Hôpital Saint-André de la même Ville.

In veritatis inquisitione, dubitandum est de omnibus; dubio methodico. Carthes.

A AGEN,

Chez la Veuve NOUBEL, Libraire, Imprimeur du Roi, rue Garonne.

M. DCC. LXXXIX.

Avec Approbation & Privilége.

DISSERTATION
SUR
LA MALADIE ÉPIZOOTIQUE
DES ANIMAUX,

Et les Moyens propres à les conserver.

LA Maladie épizootique eſt-elle contagieuſe, ou innée & ſpontanée ?

C'eſt le doute qu'il faut éclaircir par une méthode claire, phyſique, frappante.

I. Il eſt ſurprenant que dans un ſiècle auſſi éclairé que celui-ci, il ſubſiſte encore autant d'incertitude que dans les temps les plus reculés, ſur la nature, les cauſes, les effets, & la cure de la maladie épizootique des Beſtiaux ; & qu'au lieu d'avoir trouvé des moyens propres à conſerver ces Animaux, on en ait au contraire ſuggéré d'autres à l'Etat, pour accélérer & mieux aſſurer leur deſtruction, en faiſant périr tous ceux qui ſe trouveroient ſains autour des malades, & même depuis le foyer de l'Epizootie, jusqu'à trois lieues de distance; moyen bien ridicule, proposé sans doute par le docteur *Gazola* de Vérone : si on traitoit ainsi les hommes, dans les diverses épidémies qu'ils éprouvent, on auroit bientôt dépeuplé l'univers.

II. Touchés de ces malheurs effrayans, nous nous sommes occupés, depuis bien des années, à faire des expériences & des observations sur tout ce qui survient à ces Animaux, avant, pendant & après ces maladies, pour en déduire la véritable nature, les causes, les effets, & toutes les indications qu'on doit prendre pour les sauver : ce que nous nous proposons de développer par des principes clairs, solides, physiques; & fournir ainsi au Gouvernement & au monde entier, le parti le plus sage qu'il y ait à prendre dans leur intérêt.

III. Quoique nos expériences & observations datent de plusieurs années antérieures, elles n'en sont pas moins bonnes & intéressantes. Nous avions offert, dans le temps, les prémices de nos travaux au Roi de France, puis aux Etats-Généraux de Hollande, comme il conste par la lettre du Ministre français, & celle de M. le Marquis *de Noailles*, Ambassadeur du Roi auprès des Etats Généraux, dont on trouvera copie à la fin de cette Dissertation.

IV. L'inaction de ces deux Puissances, sur un objet qui nous avoit paru intéressant, répandit de la tiédeur sur la continuation & l'accroissement de notre petit ouvrage, & nous porta à un repos silencieux : mais, des Amis zélés pour le bien public ne voulant pas qu'il fût privé de la lumière, & nous ayant vivement sollicités à le faire connoître, soit pour éclairer les Puissances qui font détruire ces Animaux, sous prétexte de garantir les autres dudit Mal; soit pour dévoiler à tout l'univers que cette Maladie est à l'abri de toute contagion, puisque chaque animal en porte le germe dans son sang; soit enfin pour encourager d'autres Auteurs à vérifier, approuver, ou combattre par des preuves claires, notre façon de penser, de dire & de voir, dans un cas voilé d'aussi épaisses ténèbres: nous nous sommes déterminés enfin, à l'instigation de ces Amis, à le montrer au grand jour, par la voie publique de l'impression.

V. On doit croire que la Maladie épizootique a eu lieu dans tous les temps, & a sévi alternativement sur toutes les parties de l'univers; & que si on n'a pas eu de relations des premières, c'est par le défaut d'Ecrivains & d'Observateurs qui, méconnoissant alors la nature de ce Mal, ne se mettoient point en peine d'en établir la description; & qu'elles ne nous paroissent aujourd'hui plus frappantes, que parce que nous y portons plus d'attention.

VI. Comment, au reste, pourroit-on se persuader que cette Maladie n'eût pas eu lieu, depuis la création des Animaux jusqu'à présent, puisque dès le temps où les hommes ont commencé à écrire, jusqu'à ce jour, cette cruelle Maladie, toujours de même nature, n'a cessé de se montrer, tantôt sur un lieu, tantôt sur un autre du globe terrestre; caractérisée, dans les premiers temps, par la seule mortalité générale & inattendue des Animaux; & qu'en cette qualité, elle a été reconnue en Afrique sous le nom de peste, en l'année 634 de la fondation de Rome.

Qu'elle fut fatale aux Animaux de l'isle d'Egine, puisqu'*Ovide* en a fait la triste relation, dans ses Métamorphoses.

Qu'elle désola la Lombardie du vivant de *Virgile*, sous l'empire d'*Auguste*, où elle n'étoit connue que par la mort prompte & imprévue des Animaux, selon la description lamentable qu'il en fait, vers la fin du troisième livre de ses Géorgiques, en ces termes :

» *Hinc lœtis, Vituli, vulgò moriuntur in herbis,*
» *Et dulces animas plena ad præsepia reddunt....*
» *Ecce autem duro fumans sub vomere Taurus*
» *Concidit, & mistum spumis vomit ore cruorem,*
» *Extremosque ciet gemitus : it tristis arator*
» *Mœrentem abjungens fraternâ morte juvencum,*
» *Atque opere in medio defixa relinquit aratra.....*
» *Ergo ægrè rastris terram rimantur, & ipsis*
» *Unguibus infodiunt fruges, montesque peraltos*
» *Contentâ cervice trahunt stridentia plaustra.* »

TRADUCTION.

» La Génisse périt dans un verd pâturage,
» Malgré tous soins, la mort, des autres est le partage...
» Voyez-vous le Taureau, fumant sous l'aiguillon,
« D'un sang mêlé d'écume inonder son sillon :
» Il meurt; l'autre, affligé de la mort de son frère,
» Regagne tristement l'étable solitaire :
» Son Maître l'accompagne, accablé de regrets,
» Et laisse, en soupirant, ses travaux imparfaits....
» On voit ces malheureux, pour enfouir les graines,
» Sillonner de leurs mains & déchirer les plaines;
» Et roidissant leurs bras, humiliant leurs fronts,
» Traîner un char pesant jusqu'au sommet des monts.

On sait aussi que cette Maladie avoit fait périr une très-grande quantité de Bœufs en Europe, suivant la déclaration qu'en a donnée le Cardinal *Baronius*, dans ses Annales Ecclésiastiques, l'an de l'Ere chrétienne 376.

Qu'il y eut une si grande mortalité de Bœufs dans toute l'Europe, sur-tout en France, qu'on l'avoit attribuée à du poiſon répandu ſur les eaux & les pâturages par les ennemis de l'Etat, l'an 806, ſelon le rapport de *St. Agobert*, en écrivant la Vie de Charlemagne, Roi de France & Empereur d'Occident.

Qu'elle dévaſta toute la Romagne en 1514, ſelon la deſcription qu'en a donnée Jérôme *Fracaſtor*, premier Médecin du Pape Paul III.

Qu'elle fut très-meurtrière à Padoue, en 1599, ſuivant le récit d'Antoine *Faccio*, de Padoue.

Qu'elle détruiſit beaucoup de Bœufs en Italie, notamment à Vérone, à Milan, &c., en 1630; relaté par *Pona*, *Maſcardus*.

Qu'elle fit périr preſque tous les Bœufs de divers cantons de la Zélande, en 1674, au rapport de *Willis*.

Qu'elle attaqua & ravagea preſque tout le Bétail qui ſe trouva dans le Lyonnois, le Dauphiné, & pluſieurs autres Provinces, en 1682, au rapport de M. *Planque*.

Qu'elle fit un ravage étonnant ſur le Bétail, dans l'Italie, la Suiſſe, l'Allemagne, la Pologne, &c., en 1683, au rapport du docteur *Wincler*, premier Médecin du Prince Palatin.

Qu'elle détruiſit une grande quantité de Bétail dans les Etats de Modène, Padoue, Pavie, Genève, &c., en 1690 & 1712, au rapport de Bernard *Ramazzini*, premier Profeſſeur en Médecine à Padoue.

Qu'elle ſévit dans la Franche-Comté, la Bourgogne, le Dauphiné, le Piémont & autres lieux, en 1714, au rapport de MM. *Guillo*, *Herment*, *Drouin*, *Lanciſi*; &c.

Qu'elle détruiſit beaucoup de Bétail dans le Vivarais, le Forez, le Velay, le Dauphiné, en 1745, au rapport de M. *Sauvage*, Profeſſeur royal de Médecine à Montpellier.

Qu'elle ravagea toute la Gascogne, le Béarn & l'Aquitaine, en 1774 & 1775, au rapport de MM. *de Secondat*, écuyer, Directeur de l'Académie royale des Sciences de Bordeaux; *Doazan*, Docteur en Médecine; & *Vicq-d'Azir*, Docteur-Régent de la Faculté de Médecine, Secrétaire-perpétuel de la Société royale de Médecine de Paris, & autres.

VII. Outre ce grand nombre d'Observateurs, nous avons passé sous silence une infinité d'autres, qui ont traité de ces Maladies en plusieurs lieux différens, comme dans la Moscovie, la Prusse, la Poméranie, la Hollande, l'Angleterre, la Turquie, la Hongrie, la Moravie, la Bohème, l'Espagne, la Bavière, la Suède, & enfin successivement sur tous les lieux du globe terrestre.

Point de Contagion.

VIII. Comment a-t-il donc pu se former, dans l'esprit de tant de Savans qui ont traité des Maladies épizootiques, qu'elles ne peuvent provenir que de la contagion, c'est-à-dire, du contact immédiat de l'air, ou autre matière inconnue gratuitement supposée, partant d'un animal malade, pour se communiquer à un animal sain; & que pour garantir les autres de cette prétendue contagion, il faille assommer tous ceux qui se trouvent dans la banlieue du premier malade?

IX. D'où pourra-t-on déduire la contagion de cette Maladie, lorsqu'elle aura eu lieu pour la première fois? & comment imaginer qu'elle doive se communiquer, lorsqu'elle se sera montrée alternativement dans divers Etats séparés, & fort écartés les uns des autres; comme de la Turquie à la Gascogne;

de la Bohême à l'Espagne; de la Suède à l'Allemagne; de la Hollande à la Bourgogne ; de la Prusse à l'Italie; & ainsi des autres prétendues contagions ou communications, sans avoir l'idée de la moindre matière communicable, & sans pouvoir indiquer, ni même soupçonner les corps physiques, qu'on devroit faire mouvoir, par l'air ou dans l'air, pour opérer ces prétendues communications des lieux les plus lointains, à un autre ?

X. Puisqu'on n'a, jusqu'ici, rien indiqué, ni même soupçonné, qui puisse fournir la matière physique de cette contagion imaginaire, il y a lieu de croire qu'on ne l'a trouvera jamais, & que cette contagion passera pour une fable, dans le siècle futur, ainsi que toutes les propriétés qu'on lui attribue.

XI. Quelques Observateurs ont commencé à débrouiller ce chaos.

M. *de Courtivron* a prouvé par expérience, dans un Mémoire présenté à l'Académie royale des Sciences en 1745, que cette contagion ne pouvoit avoir lieu par l'application faite du cuir frais d'un animal malade sur un animal sain, ni par la nourriture d'un foin qu'il avoit fait envelopper de ces peaux fraîches, ni même par la boisson de l'eau où il avoit fait macérer des morceaux de ces mêmes peaux fraîches : d'où on doit conclure que cette prétendue contagion ne peut provenir de la peau des animaux malades.

XII. Abraham *Ens*, faisant la description de e[...] Maladie épizootique qui s'étoit répandue dans son pays, en 1746, assure qu'elle n'étoit pas contagieuse; & que les Vaches saines qui habitoient dans la même étable avec les malades, n'avoient pas été atteintes de ce mal : rapporté dans sa Dissertation latine imprimée à Alberstad, en 1746.

Nous relaterons plusieurs observations de même nature dans le cours de notre ouvrage.

XII. Sebastien *Albrecht* soutient que la Maladie épizootique du Bétail n'est point contagieuse, dans sa dissertation de *Norimberg* de 1761.

XIV. M. *Clerc*, ancien Médecin des armées du Roi, en Allemagne, dans des essais qu'il a fait imprimer à Paris en 1766, sur les maladies du Bétail, déclare qu'il est persuadé que les principales causes de ces maladies dépendent moins des vices de l'air & des exhalaisons dont ce fluide est empreint, que de la façon dont on soigne ces animaux; conséquemment point de contagion, selon cet auteur.

XV. Enfin, pourquoi ne croiroit-on pas que la Maladie épizootique fût exempte de contagion, dès que la peste elle-même parmi les hommes n'en est pas susceptible : c'est ce qui a été établi & prouvé par feu M. *de Chicoyneau*, Professeur Royal & Chancelier en l'Université de Montpellier, décédé premier Médecin du Roi, dans un mémoire qu'il a fait imprimer à Montpellier en 1723, à la suite des observations qu'il avoit faites à Marseille sur les malades pestiférés, qu'il avoit eu à y soigner par ordre du Gouvernement en 1720.

XVI. Il est donc inutile & hors de propos d'attribuer à contagion la cause de la Maladie épizootique du Bétail; mais il faut la rechercher & l'établir dans une matière physique, permanente, existante dans le corps même de l'animal; toujours de même nature, puisqu'elle détermine dans tous les lieux & tous les temps la même nature de mal, les mêmes effets & les mêmes moyens curatifs dans son traitement : car la description que plusieurs célèbres Médecins ont faite de cette maladie, dans plusieurs siècles, prouve assez clairement l'identité d'un mal & d'une cause pathologique indestructible, dont les effets essentiels doivent se perpétuer constamment, ainsi que les moyens curatifs.

XVII. Cette maladie n'est donc autre chose qu'une fièvre inflammatoire, éruptive, dépuratoire, variolique, pareille à celle de la petite vérole des hommes; ce qui se trouve conforme à l'opinion de quelques fameux observateurs dignes de foi.

Bernard *Ramazzini*, premier Professeur en Médecine, à Padoue, dit : « qu'en 1690, le Bétail qui » devint malade aux environs de Modène, avoit des » boutons de petite-vérole au cou; à la tête, &c. » Il ajoute, à l'occasion de la maladie épizootique, aux environs de Padoue & de Venise en 1712, « qu'on » doit procéder dans la cure de cette maladie, » comme les bons Médecins font dans celle de la » petite-vérole des enfans, en distinguant le temps » de l'ébulition & celui de l'expulsion; car il s'élève, » dit-il, sur tout le corps, le cinquième ou sixième » jour, des pustules & tubercules, ressemblant à la » petite-vérole.

XVIII. M. *Herment*, Médecin du Roi, Docteur-Régent de la Faculté de Paris, à la suite des expériences qu'il fit, par ordre de Sa Majesté, en plusieurs Provinces, (la Bourgogne & le Dauphiné, &c.) attaquées de la maladie épizootique en 1714, déclare dans un mémoire imprimé à Paris la même année, que cette maladie doit être considérée comme une petite-vérole maligne. «

XIX. M. *Drouin*, Chirurgien-Major des Gardes du Corps du Roi, envoyé par ordre de Sa Majesté, pour être à portée de bien connoître la maladie épizootique de 1714, après avoir ouvert à ces fins plus de deux cens bœufs, l'appelle une petite-vérole pourprée, dans une feuille volante imprimée.

XX. Les Médecins de Génève ont recueilli & adopté les ſentimens de MM. *Ramazzini*, *Herment* & *Drouin*, dans un mémoire imprimé à Génève en 1716, en prenant cette maladie pour une petite-vérole; en ont raſſemblé les divers ſymptômes, les ont comparés avec ceux de la petite-vérole humaine, en ont fait voir le rapport; & diſent que cette eſpèce de petite-vérole eſt la peſte des beſtiaux, comme la petite-vérole confluente eſt appellée, par quelques Médecins, la peſte des enfans; & propoſent enfin de la traiter de même, en ſuivant la méthode de *Sydenham*.

XXI. M. *Navier*, Médecin à Châlons-ſur-Marne, diſſertant ſur les maladies épizootiques qui eurent lieu en Champagne l'année 1744, croit qu'on peut regarder la maladie des beſtiaux comme l'origine de la petite-vérole des enfans; ſa diſſertation fut imprimée à Paris en 1753, ſous forme de lettre.

XXII. M. *Vicq-d'Azir*, Docteur-Régent de la Faculté de Médecine, Sécretaire-perpétuel de la Société Royale de Médecine de Paris, ayant été député par le Roi pour aller ſecourir le Gouvernement de Guienne, dévaſté par la Maladie épizootique du bétail, paroît s'être apperçu, par ſon recueil d'obſervations, imprimé à Bordeaux en Décembre 1774, « que cette maladie pouvoit être une petite-vérole; puiſqu'il dit, « *Huxam* croit les éruptions à » la peau très-avantageuſes dans des maladies ana» logues; & qu'il ajoute, « lorſque quelques-uns » des malades, attaqués de la contagion actuelle» ment régnante, ont le bonheur de guérir, on ob» ſerve preſque toujours ou des excoriations au frein

» de la langue & dans la bouche, ou des boutons » à la peau; & peut-être la maladie n'est-elle aussi » terrible que parce qu'ordinairement il ne se fait » point d'éruption : » ce qui répond très-bien à l'opinion du public; puisque tous les malheureux qui ont perdu leur bétail du côté de Bayonne, de la Chalosse, &c. ont constamment déclaré que cette maladie étoit une espèce de petite vérole maligne; & que plusieurs des animaux qui s'y sont sauvés, ont été encroutés & ont perdu une bonne portion de leur poil; ce qui forme une preuve évidente d'une suppuration cutanée, antérieure, variolique.

XXIII. On commence donc à s'appercevoir que la Maladie épizootique n'est autre chose que la petite-vérole, de même nature que celle des hommes & des enfans; ce qui va incessamment tomber sous la démonstration.

XXIV. Plusieurs Médecins respectables ont donné à cette Maladie le nom de petite-vérole maligne, pestilentielle, tant à raison des éruptions & pustules dont ils avoient reconnu l'utilité dans pareille épizootie, que des morts fréquentes, promptes & imprévues, produit de la métastase d'un levain qui leur étoit inconnu. *Morbi naturam per effectus salutares cutaneos nonnumquam ab eis observatos, quasi subolfecerunt ipsi, nec tamen omnino apprehenderunt.* Les effets salutaires cutanés qu'ils avoient quelquefois observés, leur fournissoient bien quelque léger soupçon de petite-vérole; mais les effets sinistres & mortels qu'ils voyoient en d'autres malades, les jettoient dans une incertitude qui les écartoit totalement de la vraie connoissance du mal.

XXV. Mais pour faire disparoître entièrement le doute qui semble accompagner ce fait, il faut l'examiner avec attention, le réfléchir sans préjugé, comparer ce qui se passe dans ces animaux avec le phénomène de la petite-vérole qui afflige l'homme; & si on y trouve du rapport au regard des symptômes, pourquoi ne pourroit-on pas conclure en faveur de la même nature de mal & des mêmes secours curatifs ?

XXVI. Pour bien éclaircir cette question, il faut savoir que chaque homme porte en naissant le germe de la petite-vérole (1); la preuve en est prise de ce qu'il peut l'avoir à tout âge, & qu'aucun n'en est exempt : les bêtes à corne & toutes les vivipares sont dans le même cas, puisqu'elles sont physiquement engendrées, conformées & nourries de la même manière dans le ventre de leur mère; d'où l'on

---

(1) *Sic enim Thomas Willis, tractatu de febribus, cap. 15:*
» *Variolla & morbilli, quoad originem suam, semina-ium*
» *habent nobis connatum.* » *Sic & pergit idem Autor : Natu-*
» *ralis prædis positio quæ genus humanum ad variollas &*
» *morbillos inclinat, videtur esse labes quædam seu impu-*
» *ritas sanguinis inter prima fœtus rudimenta, in utero*
» *concepta* ».

Voici comment s'en explique Thomas Willis dans son traité des fièvres, chap. XV :

» L'origine ou le germe de la petite-vérole & de la
» rougeole, tient sa source du ventre de la mère, puisqu'il
» est inné avec l'animal qui en est provenu ». Et il continue en ces termes :

» L'ordre établi par la nature, qui dispose le genre
» humain à être atteint de petite-vérole & de rougeole,
» paroît dépendre d'un certain vice ou impureté du sang,
» formé dès le premier développement de l'embrion dans
» la matrice.

peut conclure que vouloir imaginer des moyens pour garantir le bétail de cette Maladie, c'eſt rouler autour d'une hypothèſe qui n'exiſtera jamais.

XXVII. Ce germe de petite-vérole ne peut cependant provenir du ſang utérin proprement dit, comme pluſieurs Médecins l'ont avancé; puiſque ce ſang qui eſt deſtiné, par l'auteur de la nature, à la nourriture & accroiſſement du fœtus dont les parties ſont extrêmement tendres & molles, n'eſt que le ſang de la mère le plus pur; d'autant qu'il ſe purifie de rechef dans les vaiſſeaux conſidérables de la matrice, avant d'aboutir au corps de l'Embrion.

XXVIII. On ne ſauroit attribuer la cauſe de la petite-vérole à aucune nouvelle modification du ſang ni de la limphe, comme il arrive communément au regard des autres maladies, puiſqu'on n'a, juſqu'ici, connu aucun remède qui pût en détruire la cauſe ni en écarter les effets.

XXIX. Mais nous voyons journellement par les phénomènes qui s'obſervent dans la petite-vérole, que la nature fait effort pour pouſſer au-dehors quelque matière incommode; & que ſi elle ne peut réuſſir, cette matière ſe précipite ſur quelque viſcère vital, en intercepte les fonctions, y détermine l'inflammation, la ſuppuration ou la gangrène, ou la mort du malade : d'où il faut conclure que cette matière eſt impure, groſſière, peſante, de nature excrémentitielle; c'eſt-à-dire, totalement étrangère au ſang & incapable d'aſſimilation, tout ainſi que le ſable l'eſt à l'eau de la mer & des rivières, quoiqu'il en ſuive le torrent.

Origine & nature du Levain variolique.

XXX. Or, nous prétendons que cette matière impure ne peut conséquemment provenir que de la résorption d'une portion de l'humeur excrémentitielle, persipiratoire, qui tombe dans l'amnios, où le fœtus se trouve flotter pendant tout le temps de la gestation, soit qu'elle provienne des tuyaux perspiratoires de l'embrion, ou de ceux de l'amnios, où elle est très bien conservée par une duplicature membraneuse appellée chorion : cette thèse ne souffrira pas de difficulté, lorsqu'on réfléchira aussi que le fœtus jouit des mêmes organes & des mêmes fonctions que l'adulte, sauf la respiration (1).

XXXI. Qu'on ne nous fasse pas un crime de notre assertion, en nous objectant qu'en cela nous sommes contraires à nous-mêmes ; puisque nous avons fait l'aveu, dans une de nos observations de Médecine publiées par ordre du Roi, à l'Imprimerie Royale, en 1766, que *quoique le levain de la petite-vérole fût d'une nature inconnue, il consistoit dans une matière hétérogène au sang*, &c. ».

Il est vrai que quoique la nature de ce venin ne nous eût pas échappé, sa vraie source nous avoit été

---

(1) *Galenum consule lib. An animal sit id quod in utero est? cap. 3, ubi sic ait : « Fœtus in utero matris existens, easdem » habet functiones, quas, in lucem editus, demonstrat ».*

Ecoutez *Gallien* au chapitre 3 du livre où il examine si les animaux, après leur naissance, sont les mêmes qu'ils ont été dans le ventre de leur mère, où il s'explique ainsi :

» Le fœtus étant dans la matrice, y jouit des mêmes fonctions qu'il démontre, lorsqu'il est né.

moins.

moins connue juſqu'alors, & que nous n'avions pas voulu haſarder la forte conjecture que nous en avions déjà conçue; mais à force de travail & de réflexions ſur cette matière, nous avons vu clairement qu'un tel evain ne pouvoit provenir d'ailleurs.

XXXII. L'impoſſibilité qu'il y a de le détruire; la totalité des animaux qu'il afflige ſucceſſivement, de tous les temps, ſans que rien puiſſe en fixer le cours; l'identité des ſymptômes qu'il détermine, relatés par les divers Obſervateurs; les efforts conſtans de la nature pour s'en décharger dans tous les cas; ſa qualité impure excrémentitielle, relative aux vues de la nature; ſa faculté attractile & métaſtatique; les métaſtaſes fatales, mortelles, qui s'enſuivent conſtamment par le défaut d'excrétion cutanée ſuppurée; & le genre de réliquat qu'il laiſſe à la ſuite des criſes partielles ou imparfaites, mettent en évidence la ſolidité de notre opinion; eſtimant en outre que le reſte de ce levain, qui demeure alors confondu avec le ſang, forme enſuite ſeul, ou combiné avec d'autres, la ſource d'une infinité de maladies très-graves qui réſiſtent à la plupart des traitemens les mieux concertés, parce qu'on n'a pas d'égard à ſa préſence ni à ſa nature; ce que depuis long-temps nous nous propoſions d'annoncer en faveur de l'humanité, & que nous développerons d'une manière utile, & en temps & lieu.

XXXIII. De ce que nous venons d'établir, on peut déduire combien eſt haſardé le caractère de contagion peſtilentielle qu'on attribue ſans fondement à la cauſe de la propagation de ce mal; expreſſions imaginaires qui, ſans fournir le moindre éclairciſſement de pratique, laiſſent ainſi ignorer la nature du mal qu'on auroit à combattre.

XXXIV. La petite-vérole des hommes & des animaux est donc de même nature, puisque l'une & l'autre proviennent d'une source pareille; qu'elles sont d'un caractère épidémique, universelles, aiguës, critiques, bénignes ou malignes selon les circonstances, & qu'elles ont des symptômes communs dans tous les temps, comme nous allons le remarquer.

XXXV. Dans la petite-vérole des hommes, où la crise devient parfaite, cette Maladie parcourt tous ses temps au nombre de quatre.

Le premier est celui de l'ébulition & de séparation de l'humeur d'avec le sang : marqué par la fièvre d'épuration, précédée de frissons, suivie de grandes chaleurs & de sueur ou disposition à suer, la tristesse, l'abbattement, la tête pesante, douloureuse, les yeux tristes, la gêne de respiration, le défaut d'appétit, l'envie de vomir, &c.

XXXVI. Le second temps est celui de l'éruption, où la nature fait des efforts pour se débarrasser de cette matière, en la poussant au-dehors à la faveur des vaisseaux cutanés; marqué par une augmentation de fièvre les premiers jours, la formation d'un grand nombre de petits phlegmons à la peau, boursoufflement du visage & des paupières, avec salivation dès le second ou troisième jour de l'éruption, qui dure jusqu'à la fin de la suppuration dans la petite-vérole confluente; sur quoi il faut remarquer que les Médecins ont soin alors de soutenir les forces du cœur, si elles paroissent insuffisantes, par divers genres de cordiaux, & même quelquefois de ramollir le tissu de la peau par les bains tièdes, s'il leur paroît trop dense & serré.

XXXVII. Le troisième temps est celui de la suppuration, où la nature prépare des ouvertures pour favoriser la sortie de l'humeur, vu qu'à raison de sa grossièreté, elle ne sauroit s'échapper par les vaisseaux cutanés, sans leur destruction ; marqué par la continuation de la fièvre, qui diminue dès que la suppuration est bien formée ; le boursoufflement du visage, des paupières, & le ptialisme qui subsistent toujours ; l'arrondissement, l'élévation & la blancheur des pustules suppurées, que les Médecins soutiennent encore par les cordiaux, s'ils leur paroissent indiqués.

XXXVIII. Le quatrième temps enfin est celui de l'exsication, où tous les symptômes précédens disparoissent, les pustules s'ouvrent pour laisser échapper la matière purulente morbifique qu'elles renferment, avec des lambeaux de sa loge, à quoi succèdent l'incarnation de la plaie, puis l'exsication ; & le tout s'exécute dans l'espace de quinze à seize jours.

XXXIX. On remarque les mêmes temps & les mêmes phénomènes en la petite-vérole des animaux dont la crise devient parfaite.

Le premier temps, qui est celui de l'ébulition, est marqué par la fièvre dépuratoire précédée de frissons, suivie de chaleur, quelquefois de sueur & de sensibilité à l'épine, toujours par la tristesse, l'abattement, le défaut d'appétit, la tête pesante, penchée, les yeux tristes, troublés, larmoyans, les oreilles froides, pendantes, &c.

XL. Le second temps, lorsque la crise cutanée a lieu, est marqué par l'éruption d'une infinité de petits phlegmons qui se présentent au cuir de l'animal, la continuation de la fièvre, le boursoufflement des paupières, & quelque eſpèce de ſalivation ou de morve vers la fin.

XLI. Le troiſième temps eſt ſenſible par l'établiſſement de la ſuppuration qui ſe forme dans les phlegmons, l'élévation & l'arrondiſſement des puſtules, la ceſſation de fièvre, &c.

XLII. Le quatrième temps enfin devient frappant à l'aſpect de l'ouverture des puſtules, de l'excrétion purulente, de la formation des croûtes conſidérables qui ſuccèdent, & de la chûte d'une grande portion du poil de l'animal, conſtamment ſuivie des guériſons.

XLIII. Cette criſe parfaite peut avoir lieu naturellement, ou par le ſecours de l'art.

Elle a eu lieu naturellement en faveur de quelques bêtes à corne, quoique confondues dans une même étable, avec celles qui y ont péri de la Maladie épizootique par le défaut de criſe, & avec d'autres qui n'y ont point été malades ; ce qui ne ſauroit cadrer avec le ſyſtême généralement adopté de la contagion.

Éruptions cutanées curatives.

XLIV. Me. *Cajus*, Procureur au Parlement de Bordeaux, craignant pour ſon Bétail, aux approches de l'Epizootie, dans ſon canton, près de Caſtelnau, en Médoc, au mois de Septembre 1774, fit ſaigner par précaution ſes quatre bœufs & appliquer à chacun un épiſpaſtique elleborin au fanon, pour détourner la métaſtaſe imminente qu'il appréhendoit, dès que ces bœufs deviendroient malades. Deux de ces bœufs, de l'âge de huit à neuf ans, ont été garantis du mal & conſervés par ces moyens ; les deux autres, âgés de quatorze ans, ont éprouvé, dans le même-temps, c'eſt-à-dire peu de jours après l'application de l'épiſpaſtique, l'éruption phlegmoneuſe très-ſenſible de la petite-vérole, ſuivie de ſuppuration, qui les a laiſſés très bien portans.

LXV. M. *l'Abbé Feger*, Conſeiller au Parlement, a perdu tous ſes bœufs & vaches à Villenave, excepté une géniſſe qui a été ſauvée par l'éruption de la petite-vérole, la ſuppuration, l'exſication & la chute du poil.

XLVI. Jean-Martin, dit *Fille*, à Parampuyre, a perdu un premier bœuf, puis un troiſième acheté, quoique ſon ſecond bœuf ait vu mourir les deux autres, pendant qu'il faiſoit l'épreuve de l'éruption cutanée, variolique, ſuppurée, qui l'a ſauvé.

XLVII. Jean *Ferty*, au même lieu, a perdu un bœuf de la Maladie épizootique, & a conſervé le ſecond par le moyen de la petite vérole ſuppurée.

XLVIII. Madame *Leris*, en la Raze de Bégle, a conſervé deux de ſes bœufs à la faveur de l'éruption critique, variolique, ſuppurée.

XLIX. Pierre *Arrouch*, *dit Peillas*, au Village de Capeyron, Paroiſſe de Merignac, a perdu, vers la fin d'Octobre 1774, ſix vaches & deux bœufs de la Maladie épizootique, & avoit une ſeptième vache, noire, jeune, fort maigre, tellement malade, qu'elle avoit été condamnée à mort; & qu'après avoir préparé ſa foſſe pour l'y précipiter, l'ayant examinée derechef, on avoit découvert une grande quantité de boutons ou puſtules varioliques ſur tout ſon corps, principalement autour du cou, de la tête, des oreilles, ce qui a été ſuivi de croûtes, chute de poil & de guériſon parfaite, ſans avoir pris aucun remède, étant devenue belle & graſſe depuis cette épreuve.

L. Jean *Cazaux* a perdu cinq vaches en Sep-

Septembre & Décembre 1774, de la Maladie épizootique ; la sixième, âgée de trois ans, étant très-mal, n'ayant pu rien prendre, pendant huit jours, que de la farine délayée dans l'eau, & conduite, sans ressource, jusqu'à moitié chemin de sa fosse, où elle fut laissée jusqu'au lendemain, à cause de la nuit trop prochaine qui en fit différer l'inhumation, ayant été examinée de nouveau au grand jour, on découvrit plusieurs ulcères dans la bouche & autour de la langue, ensemble une éruption cutanée, variolique, universelle, très-abondante, qui a été suivie d'encroûtement, de chute de poil, de guérison & d'une parfaite santé.

LI. Madame *Guimard*, à Lormont, a perdu, en Octobre 1774, quatre vaches, deux bœufs, deux velles dans une seule métairie, & a conservé un bœuf, quoique déjà condamné à mort, à la faveur d'une enflure extraordinaire ou espèce de tuméfaction de tout son cuir, suivie d'un nombre considérable de pustules dans la bouche, autour des lèvres, du museau, du cou & du scrotum, & de plusieurs taillades faites au cuir de l'animal pour les tenir ouvertes & supurées, afin de suppléer ainsi à l'imperfection de la crise cutanée ; ce qui a procuré le rétablissement & la santé de l'animal.

LII. Jean *Bert*, à Soubiras, Paroisse Saint-Seurin de Bordeaux, a perdu quatre vaches en Novembre 1774; la cinquième, pleine de six mois, fut si malade, que, pendant plusieurs jours, elle ne put rien manger d'elle-même qu'un peu de soupe, de pain sec, ou des rôties au vin, qu'on lui donnoit à la main, en telle sorte que les ordres avoient été donnés de la tuer & ensévelir avec les quatre autres ; mais lui ayant fait grace, à la réquisition d'une troupe de femmes, elle avorta la nuit suivante, & se délivra d'un veau qui parut être mort depuis plusieurs jours, & ne jeta point l'arrière faix; néanmoins elle commença à mangeoter de l'herbe fraîche, & à fournir ainsi quelque espoir; on lui donnoit alors journellement beaucoup de farine délayée à l'eau tiède, ajoutant tantôt du miel, tantôt du vin, & quelquefois de la thériaque; l'arrière faix retenu sortit ensuite en parcelles, de jour en jour, pendant l'espace de trois semaines, avec beaucoup de pourriture; à la suite de quoi, survint encore l'éruption de la petite-vérole particelle, marquée par une infinité de petits flegmons autour du cou seulement, qui devinrent gros comme des pois & des noisettes, & furent suivis de suppuration, de croûtes, de chute de poil en cette partie, & de la santé la plus parfaite. Sa sixième vache n'a eu aucun mal, & se porte toujours à merveille (1).

Dépôts critiques salutaires.

LIII. A défaut d'éruption cutanée, ou même concurremment avec elle, lorsqu'elle se trouve partielle ou imparfaite, il se forme quelquefois des dépôts critiques, toujours salutaires, lorsqu'ils sont suivis de suppuration abondante ou suffisante, qui portent plus communément sur les glandes sublinguales, quelquefois sur les parotides, les maxillaires, & millières ou lenticulaires, distribuées dans les par-

(1) M. *Vicq-d'Azir*, dans son recueil d'observations, rapporte, à la page 71, » la guérison d'une génisse, qui » en avoit échappé par le sacrifice de tout son poil; » ce qui ne peut être arrivé qu'à la suite de l'éruption & suppuration préalables.

ties internes de la bouche ; en quoi la nature semble suppléer à l'éruption essentielle cutanée, lorsqu'elle ne peut s'établir, & nous indiquer les moyens que nous devons prendre pour seconder ses vues ; ce qui se concilie avec les observations de M. *Vicq-d'Azir*, sur les excoriations par lui observées dans la bouche.

Nous avons relaté aux Nos. L & LI deux dépôts salutaires dans la bouche, combinés ou non, avec l'éruption cutanée : il faut exposer quelques-uns de ceux qui ont été aussi favorables que les premiers, sans qu'il ait paru d'éruption.

LIV. Jean *Andraut*, dit *Gros*, au Village de Capeyron, a perdu, en Octobre 1774, deux vaches & deux bœufs de la Maladie épizootique, & a conservé une génisse, atteinte du même mal, par l'effet d'un dépôt sur les glandes sublinguales, suivi d'une suppuration si abondante, que les trois quarts de la langue avoient été rongés vers sa portion moyenne, en telle sorte, qu'on craignoit la séparation de la pointe d'avec la base de cette partie ; mais, après une suffisante suppuration, ayant été bien détergée, & parvenue à incarnation & cicatrice, la génisse est revenue dans la meilleure santé.

LV. *Calumet*, Bouvier à Capeyron, a perdu un bœuf & sept vaches de la Maladie épizootique, & a conservé un de ses bœufs, quoiqu'il eût été condamné, & que sa fosse fût prête à le recevoir, parce que son inhumation ayant été différée à l'instante prière de sa femme, on apperçut le lendemain un dépôt suppuré, critique, sur diverses glandes de sa bouche, qui le délivra du venin, & le rétablit dans la plus parfaite santé.

LVI. Louis *Capeyron*, au même lieu, a perdu, en Octobre 1774, deux vaches & une velle ; sa troisième vache, quoique tellement malade qu'elle avoit été condamnée à mort, a été conservée à la faveur d'un dépôt critique sur diverses glandes de la bouche, caractérisée par sept à huit tumeurs enflammées, qui ont fourni une très-abondante suppuration, & conséquemment suppléé à l'éruption cutanée, ainsi qu'aux épispastiques.

Elle put aussi devoir son salut à un dépôt critique, auxiliaire, fait d'une portion de levain, sur les foibles organes de son fruit; puisque, pleine de cinq mois & demi, lors de sa maladie, elle avorta & se délivra d'un veau mort, entre le sixième & septième mois, & qu'elle s'est très-bien portée depuis.

Une quatrième des vaches de *Capeyron*, quoique dans la même étable, n'a pas eu le moindre mal, & se porte toujours à merveille.

LVII. Madame *Baulos*, à Lormont, a perdu quatre vaches, deux velles & deux bœufs, de la Maladie épizootique, en Décembre 1774, & a conservé un troisième bœuf sans avoir été malade, quoique confondu dans la même étable avec les deux autres qui y sont morts. Ce qui, avec une infinité d'autres observations pareilles, notamment celles qui ont été rapportées aux Nos. XII, XLIII, LVI, combinées avec les expériences de M. *de Courtivron* du No. XI, altère essentiellement & détruit en quelque sorte le systême vainement adopté de contagion.

LVIII. Enfin, les divers dépôts salutaires, sous forme de tumeurs enflammées, absédées, ulcérées, excoriées dans la bouche, le gosier, sur la langue, le cou, les épaules, les jambes, les pieds, les mamelles, les parties génitales, & autres, rapportées par *Fracastor*, *Lancisi*, les Médecins de Montpellier, M. *de Secondat*, &c. ne laissent aucun doute sur les moyens curatifs qu'ils procurent dans ces maladies critiques, en précipitant au-dehors le virus qui les forme.

Dépôts sur l'Embrion salutaires.

LIX. Nous avons observé & déjà relaté, que si les vaches attaquées de la Maladie épizootique se trouvent pleines, il se forme aussi des dépôts salutaires sur leur fruit, comme plus flexible & plus mou que le reste de ses organes; & que communément ces vaches avortent & se délivrent du fruit mort, quelquefois à demi pourri, chargé du levain variolique; ce qui est suivi d'une évacuation abondante d'humeurs gluantes, puantes, qui entraîne le restant du virus, & laisse ces bêtes en très-bonne santé.

LX. C'est ainsi que Jean *Paillet*, sur la Paroisse de Bruges, en a conservé une seule qui étoit pleine de six mois, après en avoir perdu six têtes de la Maladie, en Novembre 1774.

LXI. Que Pierre *Cauderan*, sur la même Paroisse, en a conservé une déjà condamnée à mort, pleine de trois à quatre mois.

LXII. Que Jean *Bert*, déjà cité sur la Paroisse de St. Seurin, au N°. LII, auroit vraisemblablement perdu sa cinquième vache, malgré l'éruption partielle de la petite-vérole, si l'avortement critique de cette vache n'eût précédé ladite éruption.

LXIII. Cette crise parfaite a ainsi été excitée en d'autres bêtes, à la faveur de l'art, par le moyen de cordiaux diaphorétiques, tant internes, qu'externes.

Les uns ont donné, dans ces vues, avec quelques ſuccès, quoique rares, le vinaigre des *Quatre-Voleurs*, qui eſt un cordial ſtimulant, à la doſe de quatre onces, après y avoir diſſous une once de confection d'hyacinthe, ou autre cordial.

D'autres aſſurent avoir fait avaler utilement quelques verres d'eau-de-vie avec la thériaque.

Quelques-uns ont fait reſſortir l'éruption variolique avec des cordiaux diaphorétiques, anti-putrides, dont on donnera une formule en ſon lieu.

LXIV. Quelques-autres ont procuré à leur Bétail l'éruption critique, en les tenant quelque-temps enfoncés dans un tas de fumier de chaleur tempérée, ce qui formoit un bain de vapeurs, propre à ramollir le cuir, à dilater les pores cutanés, & à pomper le levain variolique vers la circonférence.

LXV. Un Payſan de Cauderan, du canton de Manbade, nommé *Pichon-de-la-Mougne*, a eu le même ſuccès vis-à-vis de quatre de ſes vaches à lait, en les enveloppant de cendres bien ſeches, de l'épaiſſeur de quelques pouces, contenues dans des ſaches applaties, & d'une couverte de laine par-deſſus, le tout bien ſanglé; & leur donnant, matin & ſoir, une livre de pain-choîne, avec une bouteille de bon vin rouge, ce qui a procuré l'éruption variolique dans trois jours.

LXVI. Certains prétendent enfin avoir garanti leur Bétail de cette terrible Maladie, en les faiſant beaucoup travailler, ſuer, puis couvrir. Ce pourroit fort bien être par ce moyen, que les Bouviers de Bordeaux en ont, juſqu'ici, préſervé le leur, quoique dans le centre de l'Epizootie, étant aiſé de comprendre, par nos principes, que l'animal peut rigoureuſement en être exempt, lorſqu'à raiſon d'une trituration forte & conſtante, la matière variolique eſt atténuée & affinée, au point de s'échapper par les vaiſſeaux perſpiratoires.

LXVII. Cette Maladie eſt univerſelle, c'eſt à dire, que les vivipares y ſont ſujets; eſſentielle ou primitive, puiſqu'elle conſiſte dans le développement d'un levain exiſtant dans le corps ou le ſang de chaque animal; critique ou tendant à une criſe néceſſaire, qui ſe montre quelquefois par des phlegmons ou puſtules cutanées, & par divers dépôts ſalutaires, ſelon les vœux de la nature; eſſentiellement bénigne, lorſque la nature peut parvenir à ſes fins, ainſi qu'il eſt prouvé par les guériſons ci-devant rapportées.

LXVIII. Elle devient accidentellement & par pure métaſtaſe, maligne & mortelle, ſi, à défaut d'évacuation critique & cutanée, le virus variolique ſe précipite ſur des viſcères internes eſſentiels, qui ne ſont pas deſtinés à le recevoir, & en détruit les fonctions : c'eſt pourquoi les ſymptômes obſervés lors de ces métaſtaſes, & le triſte état où l'on a trouvé ces viſcères par l'ouverture des cadavres morts de cette Maladie, n'ont pu fournir aucune notion de ſa nature, ni de ſes cauſes (1). D'où on peut légitimement conclure que cette Maladie, quoique très-fatale par accident, n'eſt ni contagieuſe, ni

(1) M. *Vicq-d'Azir* a ſenti cette vérité, puiſqu'il a dit à la pag. 87 de ſes obſervations : « l'ouverture des cadavres » ne fournit aucune indication, » & qu'il ajoute à la page 88 : » la diſſection ne fournit donc preſque aucunes » lumières aux Praticiens », ce qui nous a portés à pré-

peſtilentielle ; & qu'en ne s'occupant que de ce principe, on laiſſe ignorer la nature du mal, ſans y remédier.

LXIX. Avant le temps de l'ébulition & après la guériſon décidée, ſoit naturelle ou aidée de l'art, la chair & le lait de ces animaux ſont auſſi bons que dans tout autre état, n'y ayant d'altération en leur ſanté que pendant le cours de la fièvre d'épuration, à raiſon alors de la préſence du levain variolique flottant dans l'océan ſanguin.

LXX. La méthode générale curative préſente quatre indications eſſentielles.

La première eſt de diſpoſer l'air & la peau des animaux à recevoir le levain impur dont ils ſont chargés & accablés.

La ſeconde, de ſeconder les efforts de la nature, pour déterminer la criſe cutanée qu'elle ſe propoſe.

La troiſième, de favoriſer les dépôts critiques, ſalutaires, ſuppurés, qui ſe forment ſur les parties non eſſentiellement vitales.

La quatrième enfin eſt d'attirer, de fixer l'humeur à la peau & la pouſſer en dehors par artifice, lorſque la nature aura fait de vains efforts pour l'effectuer.

LXXI. Dès que l'Epizootie menacera de s'établir en quelque lieu, qu'elle ſera dans ſon voiſinage, où quelque bête en aura été affectée, il faudra pourvoir à la première indication vis-à-vis de toutes les

---

férer l'obſervation des phénomènes critiques, ſalutaires, ſurvenus pendant le cours & la ſuite de ces maladies, comme étant les effets primitifs eſſentiels & pathognomoniques dudit mal.

bêtes encore saines, qui seront présumées devoir être incessamment malades, puisque la coction du levain variolique doit précéder immédiatement l'Epizootie de chaque lieu : pour cet effet, il faudra les bien étriller & brosser tous les matins, pour détacher la craisse colée sur leur cuir qui y forme une augmentation de résistance, les baigner ensuite dans l'eau tiède ; les bains de rivière seront suffisans pendant les chaleurs de l'été; la vapeur d'un fumier tiède, dans lequel on les contiendra ou dont on les couvrira, pourra les suppléer pendant l'hiver.

A l'issue des bains, on les enveloppera d'une couverture de laine, simple, dans une étable close, & on aura soin de tenir, à l'entour de ces animaux, des bastes ou des baquets pleins d'eau chaude, qu'on renouvellera deux ou trois fois le jour ; le tout, pour ramollir & assouplir les fibres cutanées, en diminuer les résistances, & procurer la chaleur humide à l'air, si favorable à la crise, de l'aveu de tous les Praticiens.

LXXII. Pendant qu'on disposera ainsi la peau à recevoir le levain variolique, & au bout de quatre ou cinq jours de préparation, on remplira la seconde indication, en donnant journellement à chaque Bétail deux prises de la potion cordiale diaphorétique ci-dessous notée, jusqu'à ce que l'éruption de la petite-vérole se soit présentée, pourvu qu'elle ne tarde pas plus de quatre ou cinq jours.

Potion cordiale diaphorétique.

LXXIII. Prenez poudre destinée à faire la Thériaque, demie once.

Sel volatil de corne de Cerf & de Sel Ammoniac, de chacun demie dragme.

Délayés dans une livre décoction forte de racines d'Escorsonnaires & feuilles de Chardon béni, pour une potion à prendre matin & soir, pendant les quatre ou cinq jours ci-dessus.

C'est avec un pareil cordial, que M. *Alphonce*, Apothicaire, a conservé plusieurs Bêtes à corne, sur son bien de Marsillac, en leur faisant ressortir les boutons suppurés de la petite-vérole.

Et c'est avec un pareil secours, proportionné toutefois aux forces humaines, que souvent nous avons ramené à la peau, une matière répercutée de dartres & de gâle, très-analogue à celle de la petite-vérole, dont la métastase sur des viscères essentiels avoit affligé les Malades des maux les plus dangereux, qui n'avoient pu céder à aucun autre remède.

LXXIV. La saignée est inutile, souvent préjudiciable, puisqu'elle diminue les forces vitales, qu'il faut soutenir ici, pour que la nature ait la faculté de pousser vers la circonférence une matière pesante qui l'opprime; à moins qu'on n'observât sensiblement une tension & plénitude considérable au pouls de ces Animaux, aux approches de la Maladie, ou des remèdes à administrer avant la métastase, ce qui seroit rare.

L'indication des fréquentes & grandes saignées, ainsi que des tempérans & acides, que beaucoup de gens ont pris de l'Etat inflammatoire, puis suppuré ou gangréné, des viscères internes, n'étant fondée que sur des engorgemens qui sont la suite de la métastase, ne peut avoir lieu utilement, puisqu'on ne remédie ainsi qu'aux effets secondaires, en laissant subsister les effets primitifs avec leurs causes, qui consistent en la rétropulsion du levain variolique, la résistance de la peau, &c......

LXXV. Il en eſt de même de la purgation, qui ne pourroit convenir qu'à raiſon de l'évacuation des matières putrides, s'il s'en trouvoit dans les entrailles, ce qui eſt auſſi raré.

Mais lorſque la nature aura fini ſon opération critique, on les purgera avec deux onces de ſéné, une once catholicon, & demie once poudre cornachine, ſur une bouteille décoction feuilles de mauves.

On leur préſentera conſtamment de bon foin à manger, ou de bons pâturages, ſi le temps beau & ſerein les invite à ſortir; & pour boiſſon, de l'eau blanche tiède, à diſcrétion, faite de bonne eau claire, nette, qu'on épaiſſira d'un peu de farine d'orge ou de froment.

LXXVI. La troiſième indication, priſe de la formation des dépôts critiques, ſe remplira par les cordiaux; l'ouverture deſdits dépôts, ſi elle paroit néceſſaire; une abondante ſuppuration; & ſi elle paroît inſuffiſante, par l'application de pluſieurs épiſpaſtiques ſuppurés.

Voilà l'hiſtoire & la reſſemblance d'une criſe parfaite, en la petite-vérole des hommes, comme en la petite-vérole des animaux.

Métaſtaſes à détourner.

LXXVII. Mais il arrive ſouvent aux hommes que la nature manque ſon opération; c'eſt-à-dire, que quelquefois, pendant l'éruption, le plus ſouvent au temps de la ſuppuration, les boutons ou puſtules s'applattiſſent, s'affaiſſent, diſparoiſſent, & que la matière qui devoit les former, reflue & ſe jette ſur des viſcères vitaux, en intercepte les fonctions, y détermine des dépôts, bientôt inflammatoires, ſuppurés & gangréneux, qui

emportent

emportent promptement les malades ; & c'eſt ici que les Médecins donnent à ces ſortes de petites-véroles le nom de malignes, & même celui de peſtilentielles, ſi le plus grand nombre des malades a le malheur d'y ſuccomber.

LXXVIII. C'eſt préciſément ce qui s'obſerve aujourd'hui ſur les Bêtes à corne.

Lors de l'ébullition, elles ſont affectées, comme les hommes, de la fièvre dépuratoire, précédée de friſſons, ſuivie de chaleur, d'abattement, défaut d'appétit, triſteſſe, tête peſante, penchée; les yeux triſtes, troubles, larmoyans; ſenſibilité de l'épine, &c.

LXXIX. Le temps de l'éruption devroit ſuivre immédiatement, ainſi qu'elle s'eſt formée avec ſuccès en quelques-unes d'elles, ce que nous avons déjà rapporté; mais comme elle ne peut généralement s'établir, à raiſon des réſiſtances inſurmontables que la nature trouve en la ténacité du cuir du plus grand nombre de ces Animaux, la matière, encore flottante dans les vaiſſeaux, & pouſſée dans des viſcères plus ſouples que le cuir, s'y dépoſe, en engorge les filiaires, d'où ſuit ſecondairement la congeſtion ſanguine, l'inflammation, avec tous ſes ſymptômes, la ſuppuration, la gangrène, la mort.

Ce qu'on a pu pronoſtiquer par l'oppreſſion; le grand dégoût; la ſenſibilité de la poitrine, du ventre, du dos; la tête baſſe; les yeux ternes, enfoncés; les déjections ſanguinolentes par le dos & les nazeaux; langue boutonnée, ulcérée, ainſi que les nazeaux, &c.; ce qui, par la même raiſon, a fait donner à cette Maladie le nom de fièvre maligne, peſtilentielle, par la plupart des Praticiens.

D'où il eſt aiſé de déduire la raiſon de tous les effets extraordinaires, métaſtatiques, qu'on obſerve alors pendant la maladie, ainsi que par l'ouverture de ces cadavres, amplement détaillés dans les divers Essais qui ont été rendus publics, qui néanmoins, par cette métastase ignorée ou imprévue, ont toujours ici fait prendre le change sur la nature & la vraie cause de cette Maladie, & sur les seuls moyens de la traiter méthodiquement.

LXXX. Cependant, si chez les hommes les pustules menacent de s'applattir, au lieu de s'élever, & qu'on prévoie que la matière soit à même d'abandonner la peau, pour gagner l'intérieur, ne voit-on pas journellement, qu'un bon vésicatoire ou attractif, appliqué de bonne heure à la peau, y attire & fixe l'humeur impure, détourne la métastase, & conserve ainsi la vie des malades?

Les Bêtes à cornes se trouveront dans le même cas, lorsqu'elles seront secourues par des Artistes raisonnables, instruits de nos principes, & disposés à les pratiquer convénablement : & c'est ici le cas de s'occuper du soin de remplir la quatrième indication.

LXXXI. Pour y parvenir avec succès, il faut attirer à la peau la matière variolique, dans les temps de l'ébullition au plus tard, c'est à dire, lorsqu'ayant acquis le degré de coction convenable, la nature travaille à la séparer du sang, pendant qu'elle est encore flottante, dégagée, libre dans les vaisseaux, & avant qu'elle soit déposée sur aucun viscère; conséquemment, dans le premier jour & le premier instant, s'il se peut, que la Bête commence à chanceler, & sur le moindre symptôme sus-indiqué qu'on apercevra, sur-tout dans les lieux où régnera l'Epizootie : il faut donc alors se hâter d'appliquer des épispastiques au cuir de l'Animal; d'en appliquer même plusieurs, pour être plus sûr de leur effet, d'y ajouter des sétons;

de pratiquer ensuite deux ou trois grandes ouvertures sur les tumeurs que les épipastiques auront déterminées, en y attirant l'humeur impure, pour qu'elle ait plus de facilité à s'échapper promptement : & pour mieux favoriser la sortie, il faudra journellement introduire dans ces ouvertures, des bourdonnets de la longueur & grosseur du doigt, chargés d'onguent Basilicon, pendant vingt cinq ou trente jours, qu'on mêlera avec parties égales d'onguent des Apôtres, pendant les dix ou douze premiers jours, afin d'y exciter une plus abondante suppuration ; & agir enfin de façon à faire tomber en fonte une portion considérable du cuir, pour conserver & garantir l'intérieur.

LXXXII. Si l'épispastique n'a pas déterminé de tumeur au bout de vingt-quatre heures, il faudra appliquer ou introduire derechef un nouveau & pareil attractif, à quelque distance du premier, pour s'assurer de l'humeur ; & si l'on a négligé le séton, qu'on ne manque pas de l'établir promptement vers le milieu du fanon (1), ou à la partie supérieure du col nommée crinière, à quatre pouces de distance des cornes, où on introduira une mèche de fil de quatre à six lignes de diamètre, chargée des mêmes onguents, qu'on coulera deux fois par jour, & qu'on entretiendra jusqu'à guérison assurée.

LXXXIII. M. *Chomel*, Docteur Régent de la Faculté de Médecine de Paris, a rendu compte des

---

(1) Ramazzini *in Dissertatione de contagiosa Boum Epidemia Patavina & Venetiana : « Sub mento perforanda palearia injecto postea funiculo quem setaceum vocant. »*
Ramazzini recommande ici l'établissement d'un séton au fanon de l'animal.

guérisons qu'il a opérées de ces Maladies, par le moyen des sétons, dans une Lettre insérée dans le Journal des Savans, & le Mercure de France du mois de Juin 1745.

LXXXIV. M. *de Secondat*, de l'Académie royale des Sciences, déclare, dans un Mémoire imprimé à Bordeaux en 1775, qu'ayant fait appliquer un séton à chaque bétail, qu'il avoit en grand nombre dans une de ses métairies, & entretenir très long temps en suppuration, il n'avoit perdu pas une de ses bêtes; tandis que les bestiaux, en très-grand nombre, d'un de ses proches voisins, moururent tous dans le même temps, sans le secours du séton.

LXXXV. MM. *Lancisi*, *Leclerc*, *Drouin*, *Bourgelat*, *Doazan*, &c., estiment les sétons très-avantageux, parce que les ouvertures qu'ils entretiennent continuellement à la peau, fournissent à la matière impure variolique des moyens assurés de s'échapper.

LXXXVI. Le Journal de Verdun, de Mars 1746, annonce la découverte d'un remède fort vanté, pour sauver les bêtes attaquées de Maladie épizootique; c'est la seconde écorce du Cacis, *Grossularia fructu nigro*, employée sous forme de séton : on y assure qu'un Paysan du Nivernois, qui a fait cette découverte, a traité six cents Vaches par ce secours, & qu'il n'en est mort aucune.

LXXXVII. S'il se formoit des dépôts salutaires dans la bouche, aux glandes maxillaires, aux parotides, ou autres, il faudroit les ouvrir dans leur maturité, laver & déterger ceux de la bouche avec la décoction racine d'Aristoloche ronde & d'Aunée, miellée, où on dissoudroit un peu de sel Ammoniac; comme aussi exciter & entretenir une abondante suppuration, à la suite des ouvertures faites aux dépôts cutanés : si la maturité du dépôt en étoit trop tardive, & faisoit craindre du risque de son attente, ou même qu'on la crût insuffisante, il faudroit s'opposer de bonne heure à la rétropulsion du levain, & le fixer au cuir, dans le voisinage du dépôt, selon l'axiome du Sage, *quò vergit natura, eò ducere opportet :* pour cet effet, on pourroit faire usage de quelqu'un des épispastiques ci-après indiqués, ou même raser la partie, ou en brûler le poil avec une pelle à feu rougie, & y appliquer des vésicatoires, pour y fixer l'humeur morbifique, & l'avancer par cette voie (1). La brûlure du cuir, par l'application d'un fer rouge considérable, peut tenir lieu de vésicatoire, & en procurer les mêmes effets (2). Il faut, enfin, mettre tout en usage, pour multiplier & entretenir des ouvertures à la peau, afin de jeter par là, au-dehors, le levain variolique, & écarter ainsi la métastase, qui seule détruit tant d'animaux.

LXXXVIII. C'est à la faveur de pareils dépôts, que l'excrétion abondante de la gourme supplée à à l'éruption cutanée-variolique des Chevaux, qui y sont également assujettis ; & que l'intropulsion de ce levain les fait périr bien rapidement, si on néglige de le contenir vers les glandes cutanées, comme la nature l'indique aussi en eux.

---

(1) M. *Doazan* rapporte, pag. 26, dans son Mémoire imprimé à Bordeaux en 1774, que de douze Bœufs confiés au soin de M. *Morin*, à Biscarosse, il en a guéri dix par les moyens des vésicatoires.

(2) Ramazzini, *loco jam citato* : « *in ustiones quoque » lato ferro candenti faciendæ in collo utrinque, sublatâ enim » scarrâ apparebunt ulcera quæ vesicantium loco esse poterunt.* »

Il faut brûler la peau du col, de chaque côté, avec un fer large comme une pelle, rougie au feu ; car après la chute de l'escarre, il se présentera des ulcères, qui tiendront lieu de vésicatoires.

LXXXIX. Il ſe trouve de pluſieurs eſpèces d'épiſpaſtiques également bons, tels que la peau intérieure; comme veloutée, du Garrou, vulgairement Saint-Bois, en latin *Thymelea foliis lini*, qu'on renverſe cylindriquement, après l'avoir ſéparée de ſa partie ligneuſe, qu'on introduit de la longueur de deux pouces, dans une ouverture faite avec le biſtouri; à la portion déclive du fanon, ou même ailleurs: L'œil & la graine de Moutarde; les Mouches cantarides; la tige & la feuille d'herbe aux Gueux, ou Viorne, vigne noire, *Clematis Sylveſtris latifolia*, qu'on peut introduire de même, ſans renverſement. La racine, la tige & les feuilles de Pied de Veau; *Arrum Vulgare;* la tige & les feuilles de Tithymale; *Tithymalus Characias legitimus.*

La ſeconde écorce de la tige de Cacis, *Groſſularia fructu nigro.*

La racine, la tige ſur-tout, & les feuilles d'Ellébore noir, pied de Griffon; *Elleborus niger fœtidus* C. B., & pluſieurs autres; mais celles-ci ſuffiſent, pour être ſuppléées, à défaut de quelques-unes d'elles; & ſur leſquelles on a communément donné la préférence à la tige d'Ellébore, qui a produit, ſous nos yeux, des effets ſurprenans, & des guériſons parfaites dans quelques Paroiſſes voiſines de cette Ville.

XC. Nous avons ci-devant rapporté deux Bœufs de M. *Cajus*, au N°. XLIV, garantis de la Maladie, à la faveur de ce remède.

XCI. Jean *Capeyron*, dit *Calemet*, au village de Capeyron, a perdu, en Octobre 1774, ſix Vaches & un Bœuf, de la Maladie épizootique: ſon ſecond Bœuf étoit tellement malade, qu'il avoit été condamné; & que ſa foſſe étoit faite pour l'inhumer: ayant fait l'eſſai, à la ſupplique de ſa femme, d'introduire un morceau d'Ellébore au fanon de l'animal, le jour qu'il devoit être assommé, il s'y forma, dans les vingt-quatre heures, une tumeur très-volumineuse, qui fut suivie de suppuration pendant un mois; ce qui sauva l'animal, qui se porte à merveille, & travaille journellement, accouplé à un second Bœuf que *Capeyron* acheta, en Février 1774, à Guillaume *de Monnet de Saint Médard*; lequel second Bœuf a été aussi conservé par le secours d'un pareil épispastique suppuré.

XCII. Louis *Saint-Marc* a guéri, par cette méthode, tout le Bétail attaqué de la Maladie épizootique, sur la paroisse de Cabanac, depuis le 29 Septembre 1774, qu'elle s'y est établie, jusqu'en Janvier 1775; notamment plusieurs Têtes, chez M. le Comte *de Ségur*;

Une Vache chez M. *Barriere*, Procureur au Parlement;

Deux Bœufs chez Mademoiselle *Barriere*;

Un Bœuf chez M. *Bourron*, Contrôleur;

Un Bœuf chez Jean *Brun*, &c.

XCIII. M. l'Intendant d'Orléans a déclaré, qu'en 1745 on guérit, dans l'Orléanois, environ sept cents Bêtes à corne avec la seconde écorce du Cacis, qui attire aussi-bien que l'Ellébore; qu'on introduisoit sous la peau des Animaux malades, à la faveur de quelques taillades, & qu'on renouveloit pendant trois ou quatre jours.

M. *Lenain*, Intendant de Languedoc, déclare avoir fait pratiquer avec succès ce même remède, sur les Bœufs atteints de boutons ou d'enflures sur leur cuir, en 1745.

XCIV. *Camenegre*, de Lalande de Bruges, ayant trouvé une de ses Vaches atteinte de la Maladie épizootique, le 30 Décembre 1774, lui fit introduire un morceau d'Ellébore au fanon, qui y procura la tumeur, la suppuration suffisante, & la parfaite guérison.

XCV. Jean *Guillem* & Jean *Videau*, à Bruges, en ont conservé quelques Têtes par le même moyen; & il en seroit mort beaucoup moins en ce lieu, si on se fût borné à l'épispastique, & qu'on eût eu l'avisement & la volonté d'en soutenir les effets salutaires par une suffisante suppuration,

XCVI. MM. *de Secondat*, *Ramazzini*, *Lancisi*, *Herment*, *Drouin*, & autres, font aussi de grands éloges des vésicatoires, cautères, & attractifs cutanés de toute espèce, comme fournissant les vrais moyens d'attirer à la peau, d'évacuer par-là cette humeur impure, & d'en délivrer ainsi le Malade.

XCVII. Cet attractif elléborin a été connu de *Virgile;* indiqué, en pareil cas, par *Ramazzini;* recommandé par l'Auteur de la Maison Rustique, & un grand nombre d'autres : on l'employa avec quelque succès en 1766, dans le voisinage de cette Ville: on y a eu recours en dernier lieu avec quelque utilité, ainsi qu'il est ci-devant rapporté; mais comme on a agi sans principe certain, & qu'on n'a fait que tâtonner, puisqu'on a jusqu'ici ignoré la vraie nature & origine du Mal, il n'est pas étonnant qu'avec la connoissance de ce remède recommandable, on ait fait beaucoup de fautes au préjudice du Bétail, & qu'on ait négligé d'en soutenir les bons effets par une abondante suppuration cutanée (1), qui est ici la

(1) Ramazzini, *eodem in opere*, « *indiget enim natura* » *aliquo emissario, per quod venenum istud exanthlet; nulli* » *enim comperti sunt evasisse Boves, nisi per pustulas in cute*

pierre de touche & l'auxiliaire inséparable de l'attractif qui, combinés ensemble, doivent être réputés le vrai spécifique de cette Maladie métastatique.

XCVIII. En vain objecteroit-on que ces moyens ne sont pas nouveaux, & que très souvent on en a fait usage sans succès : on répondroit, que quoiqu'ils ne soient pas précisément nouveaux, & qu'ils n'ayent pas eu constamment tous les succès désirés, c'est qu'ayant été partiellement & imparfaitement employés par des gens peu instruits, souvent même, par eux combinés avec des remèdes internes, dangereux; ils n'ont pas eu, par cette raison, tous les bons effets qu'on devoit en attendre ; mais que leur ensemble, pratiqué aujourd'hui avec connoissance de cause par des Artistes raisonnables, qu'il seroit bon de commettre pour ces sortes d'opérations, & dirigés par des Personnes imbues & certiorées de nos principes ; ils deviendroient curatifs assurés, tout aussi parfaitement, qu'un bon vésicatoire bien suppuré devient le remède curatif cutané d'une matière variolique qui est à même d'abandonner la peau de l'homme, pour se porter intérieurement & le faire périr.

XCIX. Par tout ce qui vient d'être relaté & ob-

» *excitatas. multum crassæ ac fœtidæ materiæ fundentes ; nec* » *Bovem ullum qui sic purgatum fuerit, recidivam passum fuisse* » *adhuc accepi.* »

Suit la traduction :

Car, la nature a besoin de quelqu'ouverture par où elle puisse chasser cette impureté ; puisqu'on n'a pu sauver d'autres Bœufs de cette Maladie, que ceux qui ont eu des pustules à la peau, par où s'échappoit une grande quantité de matière épaisse & puante : & l'Auteur n'a vu aucun Bœuf, purgé par cette voie, avoir été exposé à la moindre rechute.

ſervé, on voit que le doute propoſé eſt bien éclairci, & ramené à la certitude ;

Puiſque nous avons méthodiquement prouvé,

Premièrement, que la Maladie épizootique n'eſt point contagieuſe.

Secondement, que c'eſt une vraie petite-vérole, pareille à celle des hommes.

Troiſièmement, que ſa cauſe eſt une matière impure, excrémentitielle, ſpontanée, innée avec l'animal.

Quatrièmement, que cette Maladie eſt naturellement critique & bénigne, lorſque la nature ne trouve pas des réſiſtances inſurmontables à l'évacuation de cette humeur vers la peau.

Cinquièmement, qu'elle devient encore critique & ſalutaire, lorſque le virus ne pouvant aboutir à la peau, ſe dépoſe ſur quelque partie non vitale par ſon eſſence, & ſur-tout lorſque de-là il peut être précipité hors du corps par la ſuppuration, ou autrement.

Sixièmement, que la méthode curative eſt eſſentiellement la même que celle de la petite-vérole des hommes.

Septièmement enfin, qu'elle devient maligne, mortelle, & ſi l'on veut, peſtilentielle, vu le grand nombre d'animaux qu'elle détruit rapidement, lorſqu'à raiſon des réſiſtances invincibles vers le dehors, la nature, toujours occupée à ſe débarraſſer de ce fardeau, le pouſſe & précipite ſur des viſcères vitaux, mollaſſes, moins réſiſtans que les autres parties, & y détermine le dépôt, bientôt ſuivi d'inflammation, de ſuppuration, ou de gangrène, & autres effets ſecondaires, qu'on découvre par l'ouverture de ces cadavres, qui ne peuvent fournir la moindre connoiſſance de la nature du mal primitif, de sa vraie cause, ni des moyens curatifs qu'il faudroit employer.

Voilà donc une Maladie formidable, une Maladie qui paroît comme renaître sans cesse, & qui étend successivement ses ravages sur toutes les parties du globe, une Maladie jusqu'ici inconnue, comme le Gouvernement nous l'apprend lui même, que nous avons cependant ramenée aux principes de la Médecine, & qui peut désormais être traitée aussi méthodiquement, & avec autant de succès, que toute maladie quelconque.

L'EXISTENCE de l'Homme tient, pour ainsi dire, à celle des animaux, qu'une Providence bienfaisante a créés pour lui : en travaillant pour la conservation des Animaux, nous avons donc travaillé en même temps pour celle de l'Homme; & nous n'avons eu, en effet, d'autres vues; que celles de nous rendre utiles à l'humanité. Si nos efforts sont heureux, nous pourrons nous applaudir de lui avoir rendu le plus important de tous les services !

LETTRE de M. le Marquis DE NOAILLES *à M.* DE BONIOL, *Docteur en Médecine de l'Université de Montpellier.*

A la Haye, le 21 Avril 1775.

JE vous suis très-obligé, MONSIEUR, de l'exemplaire que vous avez bien voulu m'envoyer, de votre Mémoire sur l'Epizootie,

Par le compte que je me suis fait rendre de cet Ouvrage, il m'a paru être bien fait, & remplir son objet. Le parti que vous avez pris, MONSIEUR, de l'adresser ici directement au Gouvernement, est la meilleure voie pour le faire valoir : j'aurois une vraie satisfaction de le voir réussir, & d'y avoir pu contribuer.

Je suis très-parfaitement, MONSIEUR, votre très-humble & très-obéissant serviteur.

Signé, LE MARQUIS DE *NOAILLES*.

LETTRE de M. TURGOT, *à M. BONIOL, Médecin, à Bordeaux.*

A Paris, le 12 Mai 1775.

J'AI reçu, MONSIEUR, la Lettre que vous m'avez écrite le 28 Mars, en m'adressant un Mémoire sur la Maladie des Bêtes à corne, & sur les moyens propres à les conserver : les observations que ce Mémoire contient paroissent fort bonnes ; mais l'Inoculation que vous proposez, comme un moyen préservatif & certain, est trop dangereux, & il n'est pas possible de l'employer. Au surplus, je ne puis qu'applaudir au zèle qui vous anime, & aux vues patriotiques qui vous engagent à consacrer plusieurs de vos momens à vous rendre utile aux différentes Provinces qui ont eu le malheur d'éprouver ce cruel fléau : & vous me ferez toujours plaisir de m'adresser les diverses Observations que vous aurez à faire sur cet objet important.

Je suis, MONSIEUR, votre bien humble & affectionné serviteur. *Signé*, TURGOT.

POST-SCRIPTUM.

Nous avions fait mention de l'Inoculation, à la fin de notre premier Mémoire présenté au Roi, en Mars 1775, non comme un préservatif de la Maladie épizootique, puisqu'aucun moyen ne peut en garantir les Animaux vivipares, mais comme cordial; parce qu'à la faveur de cette insertion, réunissant ce levain à celui que l'Animal portoit dans ses veines, il devoit en résulter une augmentation de forces sur le cœur, pour pousser le virus vers la peau avec plus d'énergie, & y déterminer l'éruption critique, pourvu que cette insertion eût été pratiquée dès le premier temps de l'ébullition, & qui, à défaut d'éruption, pouvoit néanmoins devenir favorable au salut des Malades, dans le cas de métastase à craindre sur les viscères vitaux, faisant alors la fonction d'épispastique, comme attractif du levain analogue inné, en l'y attirant & fixant sous la forme de sétons & vésicatoires, employés en grand nombre, afin d'exciter une abondante suppuration, & suffisante pour entraîner au-dehors tout le levain variolique.

Mais comme cette Inoculation a été prise dans un sens étranger à ses facultés; que par cette raison, elle a paru déplaire au Ministre Français, & que d'ailleurs on peut sauver les Bêtes malades sans son secours, nous avons jugé à propos de la soustraire de la présente Dissertation, pour en renvoyer l'histoire à un autre temps.

FIN.

APPROBATION.

J'AI lû, par ordre de Monseigneur le Garde des Sceaux, un Manuscrit ayant pour titre : *Dissertation sur la Maladie épizootique des Animaux, & les Moyens propres à les conserver, par M.* Boniol, &c. : je n'y ai rien trouvé qui m'ait paru devoir en empêcher l'impression. A Paris ce 12 Février 1789. DE FOURCROY.

PRIVILEGE DU ROI.

LOUIS, PAR LA GRACE DE DIEU, ROI DE FRANCE ET DE NAVARRE : A nos amés & féaux Conseillers, les Gens tenant nos Cours de Parlement, Maîtres des Requêtes ordinaires de notre Hôtel, Grand-Conseil, Prévôt de Paris, Baillifs, Sénéchaux, leurs Lieutenans Civils & autres nos Justiciers qu'il appartiendra : SALUT. Notre amé, le Sieur BONIOL, Docteur en Médecine, nous a fait exposer qu'il désireroit faire imprimer & donner au Public une *Dissertation sur la Maladie épizootique des Animaux, & les Moyens propres à les conserver*, s'il nous plaisoit lui donner nos Lettres de permission pour ce nécessaires. A CES CAUSES, voulant favorablement traiter l'Exposant, nous lui avons permis & permettons par ces Présentes, de faire imprimer ledit Ouvrage autant de fois que bon lui semblera, & de le faire vendre & débiter par tout notre Royaume, pendant le temps de cinq années consécutives, à compter du jour de la date des Presentes. FAISONS défenses à tous Imprimeurs, Libraires & autres personnes, de quelque qualité & condition qu'elles soient, d'en introduire d'impression étrangère dans aucun lieu de notre obéissance, A LA CHARGE que ces Présentes seront enregistrées tout au long sur le Registre de la Communauté des Imprimeurs & Libraires de Paris, dans trois mois de la date d'icelles; que l'impression dudit Ouvrage sera faite dans notre Royaume & non ailleurs, en bon papier & beaux caractères; que l'Impétrant se conformera en tout aux Règlemens de la Librairie, & notamment à celui du 10 Avril 1725, & à l'Arrêt de notre Conseil du 30 Août 1777, à peine de déchéance de la présente Permission; qu'avant de l'exposer en vente, le manuscrit qui aura servi de copie à l'impression dudit Ouvrage sera remis dans le même état où l'Approbation aura été donnée ès mains de notre très-cher & féal Chevalier Garde des Sceaux de France, le Sieur *BARENTIN*; qu'il en sera ensuite remis deux exemplaires dans notre Bibliothèque publique, un dans celle de notre Château du Louvre, un dans celle de notre très-cher & féal Chevalier Chancelier de France, le Sieur *DE MAUPEOU*, & un dans celle dudit Sieur *BARENTIN*; le tout à peine de nullité des Présentes : DU CONTENU desquelles vous MANDONS & enjoignons de faire jouir ledit Exposant & ses ayans-cause pleinement & paisiblement, sans souffrir qu'il leur soit fait aucun trouble ou empêchement. VOULONS qu'à la copie des Présentes, qui sera imprimée tout au long au commencement ou à la fin dudit Ouvrage, foi soit ajoutée comme à l'original. COMMANDONS au premier notre Huissier ou Sergent sur ce requis, de faire pour l'exécution d'icelles, tous Actes requis & nécessaires, sans demander autre permission, & nonobstant clameur de Haro, Charte Normande, & Lettres à ce contraires : Car tel est notre plaisir. Donné à Paris, le vingt-sixième jour du mois de Mars; l'an de grâce mil sept cent quatre-vingt-neuf, & de notre Règne le quinzième.

PAR LE ROI EN SON CONSEIL.

LE BEGUE.

Registré sur le Registre XXIV de la Chambre Royale & Syndicale des Libraires & Imprimeurs de Paris, N°. 1650, fol. 168, *conformément aux dispositions énoncées dans la présente Permission; & à la charge de remettre à ladite Chambre les neuf exemplaires prescrits par l'Arrêt du Conseil du 16 Avril 1786. A Paris le 5 Mai 1789.*

KNAPEN, Syndic.

www.ingramcontent.com/pod-product-compliance
Ingram Content Group UK Ltd.
Pitfield, Milton Keynes, MK11 3LW, UK
UKHW021031180726
13838UKWH00004B/1725

9 782329 402239